Mi mundo y la ciencia: Nivel 2

¡Plantas!

Tracy Nelson Maurer

Traducción de Sophia Barba-Heredia

Un libro de El Semillero de Crabtree

Crabtree Publishing

crabtreebooks.com

Índice

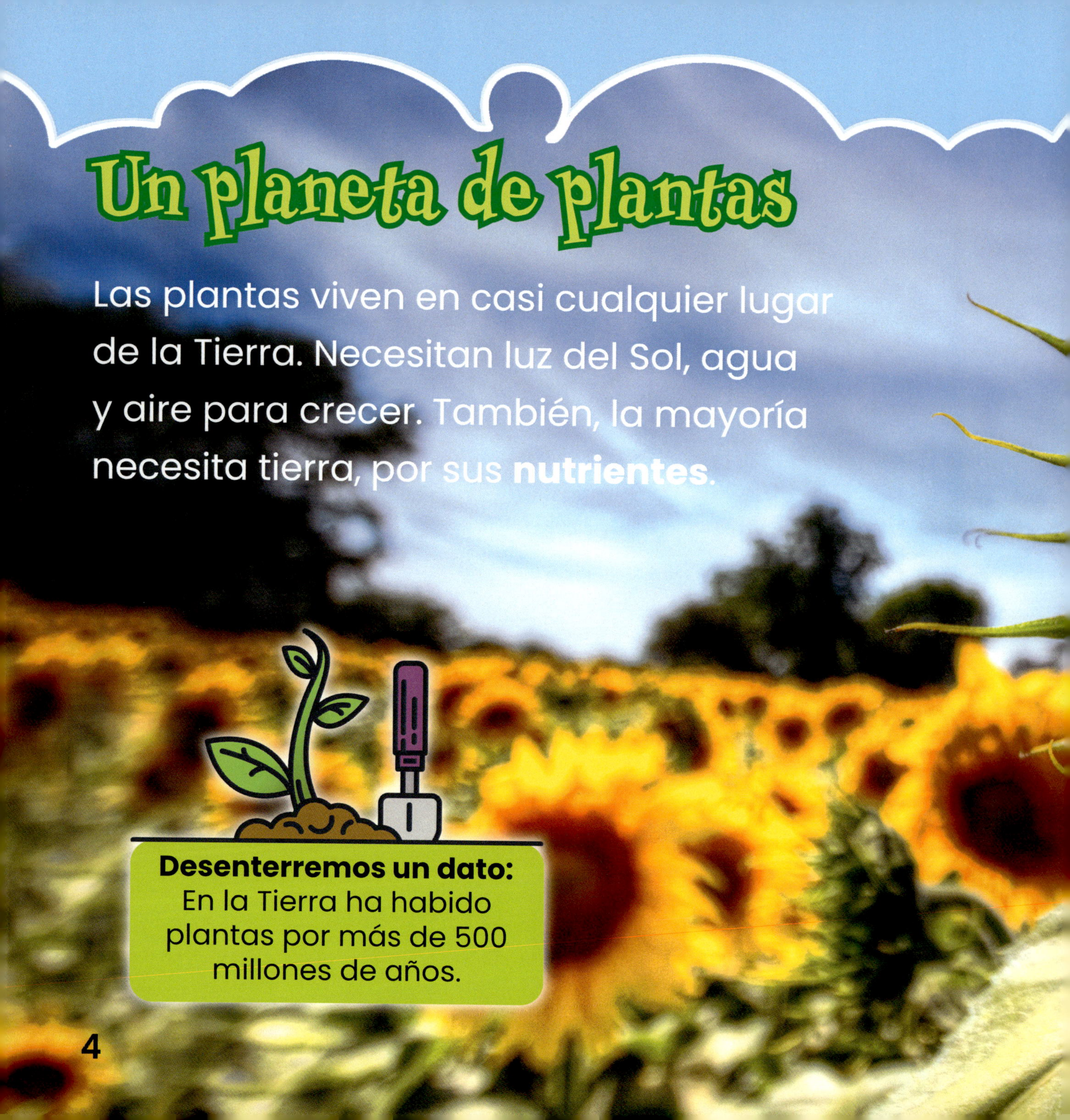

Un planeta de plantas

Las plantas viven en casi cualquier lugar de la Tierra. Necesitan luz del Sol, agua y aire para crecer. También, la mayoría necesita tierra, por sus **nutrientes**.

Desenterremos un dato:
En la Tierra ha habido plantas por más de 500 millones de años.

Los brotes de girasoles parecen girar para dar la cara al Sol durante el día.

Cerca de 400 000 **especies** de plantas viven en la Tierra. Se han **adaptado** o han cambiado para crecer bien en sus **hábitats**.

Las plantas del desierto pueden almacenar agua para los periodos entre las lluvias.

Gruesas raíces se extienden profundamente en la tierra en los lugares ventosos.

Desenterremos un dato:
Caen entre 8 pies (2.5 metros) y 15 pies (4.5 metros) de lluvia cada año en la **selva**.

Algunas plantas crecen mejor en las húmedas selvas.

Partes de las plantas

Cada parte de la planta tiene una función.

- Las raíces anclan a la planta en la tierra y absorben el agua y los nutrientes.
- El tallo sostiene a la planta y almacena agua.
- Las hojas convierten la energía del Sol en comida para la planta.
- Las flores o los frutos producen semillas.
- Las semillas se convierten en plantas bebés.

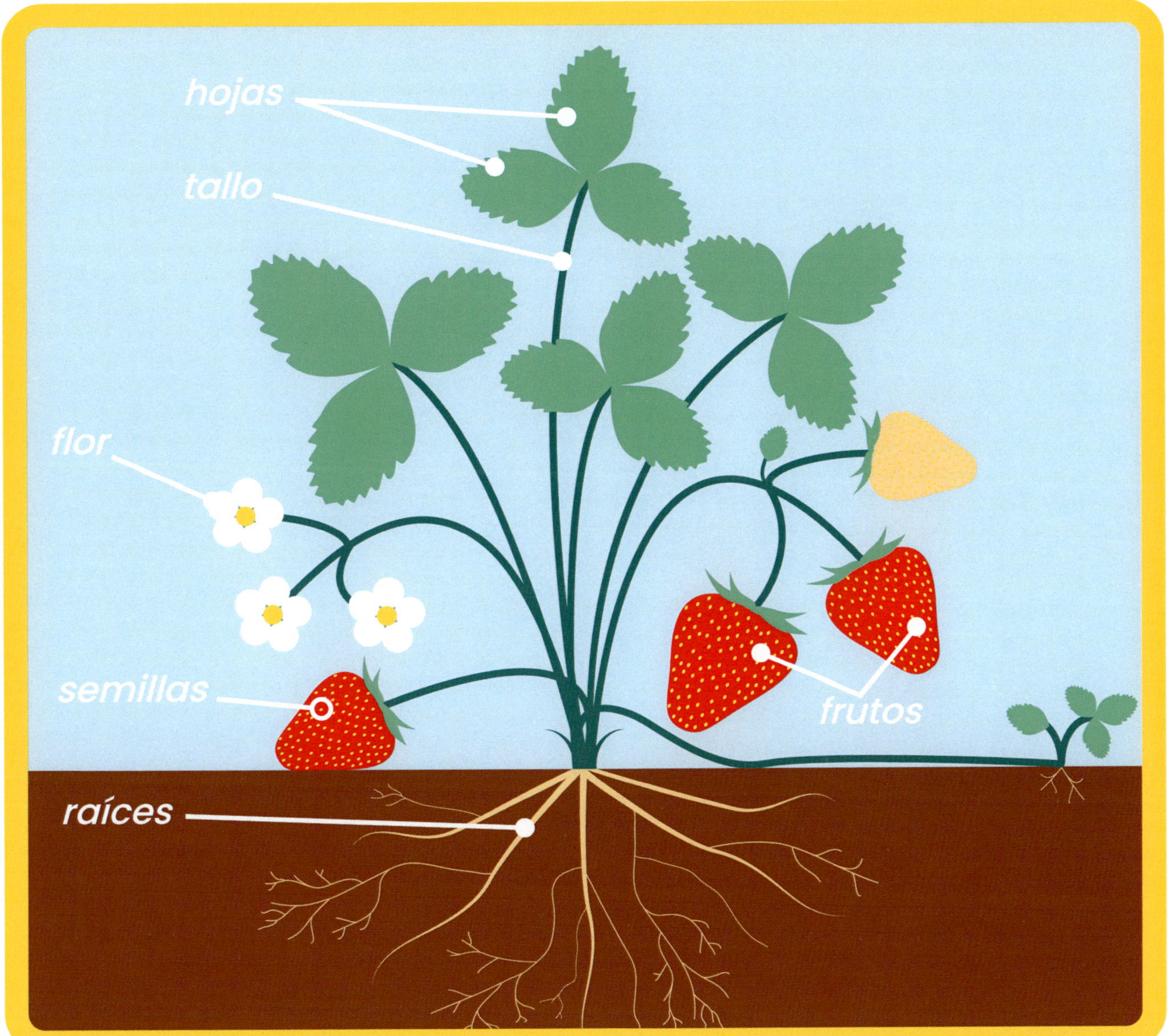
hojas
tallo
flor
semillas
frutos
raíces

Las partes de las plantas son de diferentes tamaños.

lenteja de agua

La lenteja de agua es más pequeña que un grano de sal. Las raíces de una secuoya gigante pueden alcanzar más de 274 pies (83.5 metros).

secuoya gigante

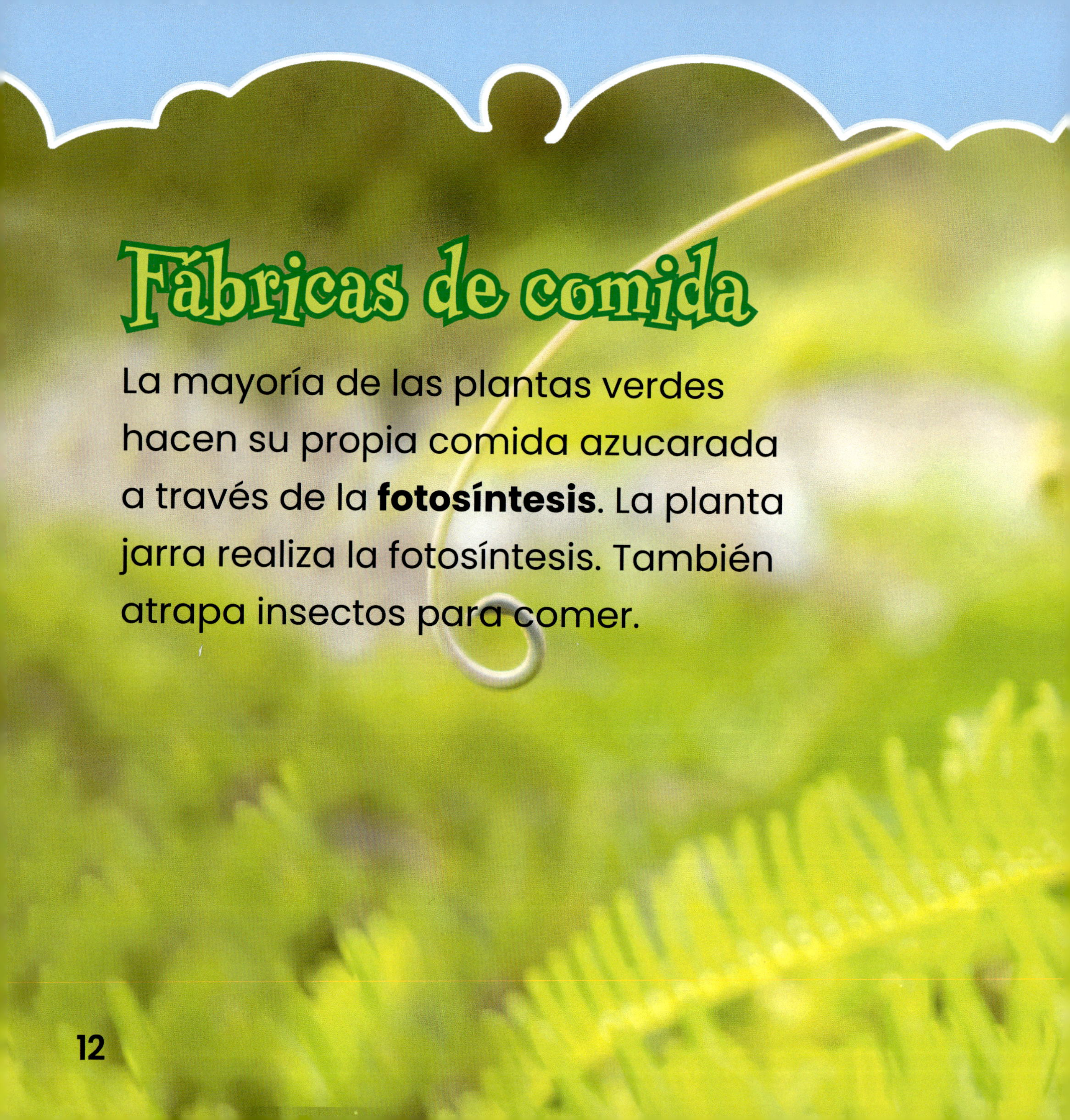

Fábricas de comida

La mayoría de las plantas verdes hacen su propia comida azucarada a través de la **fotosíntesis**. La planta jarra realiza la fotosíntesis. También atrapa insectos para comer.

planta jarra

Durante la fotosíntesis, la **clorofila** de las hojas captura la energía del Sol.

Pequeños agujeros en las hojas absorben **dióxido de carbono** del aire.

El agua también se suma a la mezcla. Las hojas liberan **oxígeno** al mismo tiempo que la planta almacena el alimento que no usó.

Desenterremos un dato:
foto significa «luz»,
y *síntesis* significa «composición».

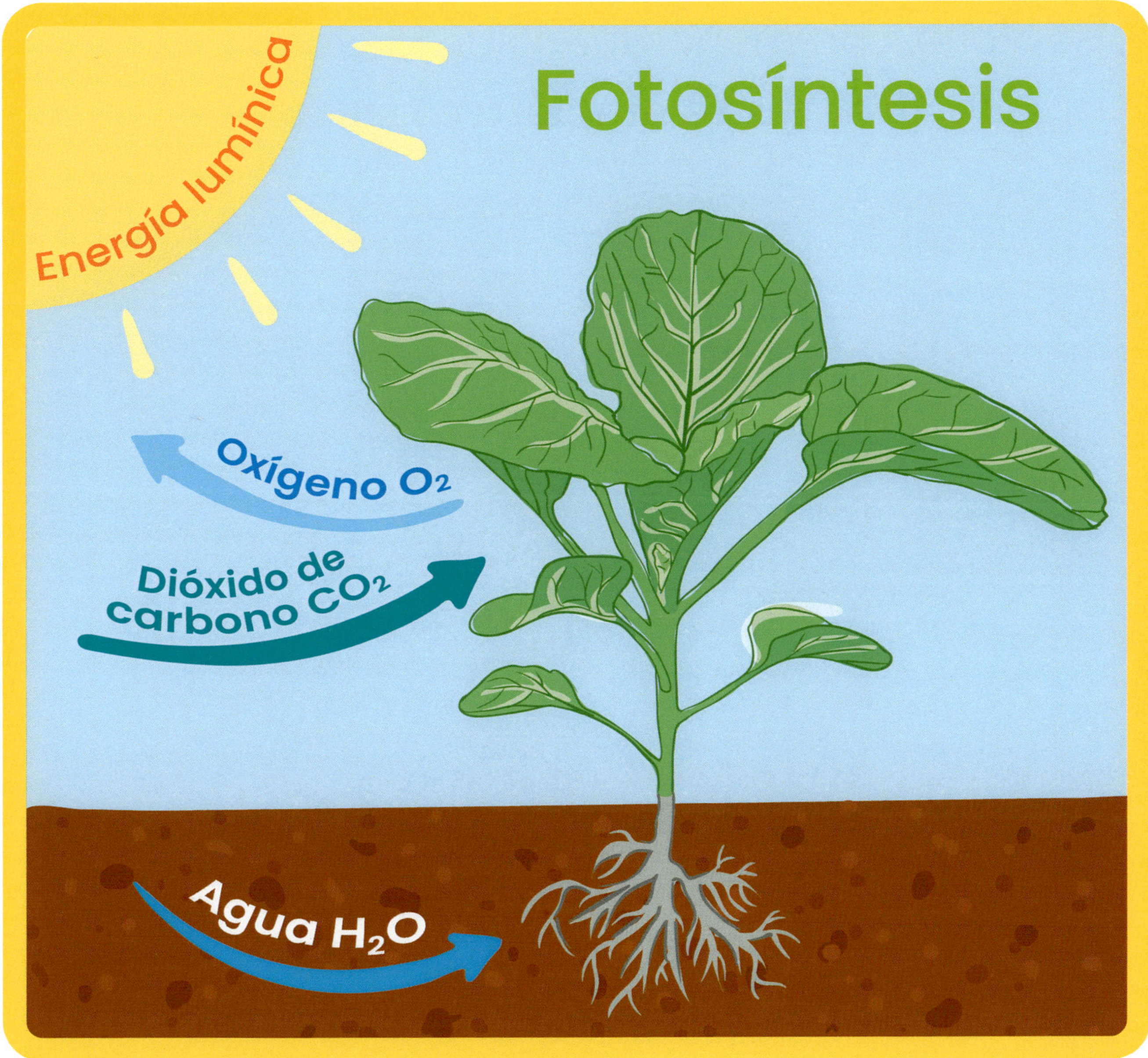
Fotosíntesis
Energía lumínica
Oxígeno O_2
Dióxido de carbono CO_2
Agua H_2O

En otoño, con menos luz solar, la clorofila de muchas plantas se empieza a descomponer.

En vez de verdes, las hojas lucen amarillas, naranjas y rojas.

Ciclo de vida de las plantas

Como todos los seres vivientes, las plantas tienen un ciclo de vida:

- La semilla germina y se convierte en una planta bebé. Esta planta es parecida, pero no exactamente igual a su madre.
- La planta produce su propio alimento.
- Las plantas adultas pueden florecer.
- Las flores pueden contener semillas. Algunas se convierten en frutos con semillas.
- El fruto madura y las semillas caen a la tierra. La semilla germina en una planta bebé.

Muchas plantas con flores usan el **polen** para producir semillas. Pero la mayoría de las plantas no pueden producir semillas de su propio polen.

Las abejas, otros insectos, los pájaros y los murciélagos pueden llevar el polen de planta en planta.

Las plantas se esparcen a través de sus hábitats cuando las semillas consiguen viajar con animales y personas. Algunas flotan en las olas o en el viento.

Las semillas de diente de león navegan lejos de sus plantas madre.

Algunas plantas crecen tallos debajo de la tierra en vez de semillas.

Los helechos bebés vienen de esporas. Las esporas necesitan agua y una mezcla de otras esporas para convertirse en adultas.

Los rizomas son gruesos tallos subterráneos.

Algunos tallos largos pueden enviar raíces hacia abajo para crear una nueva planta.

Las plantas se protegen a sí mismas para sobrevivir a lo largo de sus ciclos de vida. Algunas saben mal. Algunas son **tóxicas**. Las partes puntiagudas también puede mantener lejos a las bocas hambrientas.

El cactus se protege con puntiagudas agujas.

Necesitamos a las plantas

Las personas y los animales necesitamos a las plantas por su oxígeno y para alimentarnos. Las personas también usamos a las plantas para producir papel, tejidos, madera y medicinas.

Glosario

adaptado: Que han cambiado o se han ajustado a nuevas condiciones.

clorofila: Una sustancia verde que las plantas producen usualmente.

dióxido de carbono: Un gas hecho de carbón y oxígeno que las plantas usan en la fotosíntesis, y que animales y personas exhalamos.

especies: Grupos establecidos por científicos que muestran cuáles plantas y animales son parecidos y pueden reproducirse entre ellos.

fotosíntesis: Un proceso que las plantas usan para producir alimento a partir de la luz solar, el agua y el dióxido de carbono.

hábitats: Lugares donde las plantas usualmente crecen.

nutrientes: Materiales en la tierra que ayudan a alimentar a la planta y la mantienen saludable.

oxígeno: Un gas en el aire y en el agua que los humanos y animales necesitamos para respirar.

polen: Pequeños granos que usan las plantas que florecen para hacer semillas y así crear nuevas plantas.

selva: Un bosque que recibe mucha lluvia y que tiene árboles muy altos.

tóxicas: Dañinas o venenosas.

Índice analítico

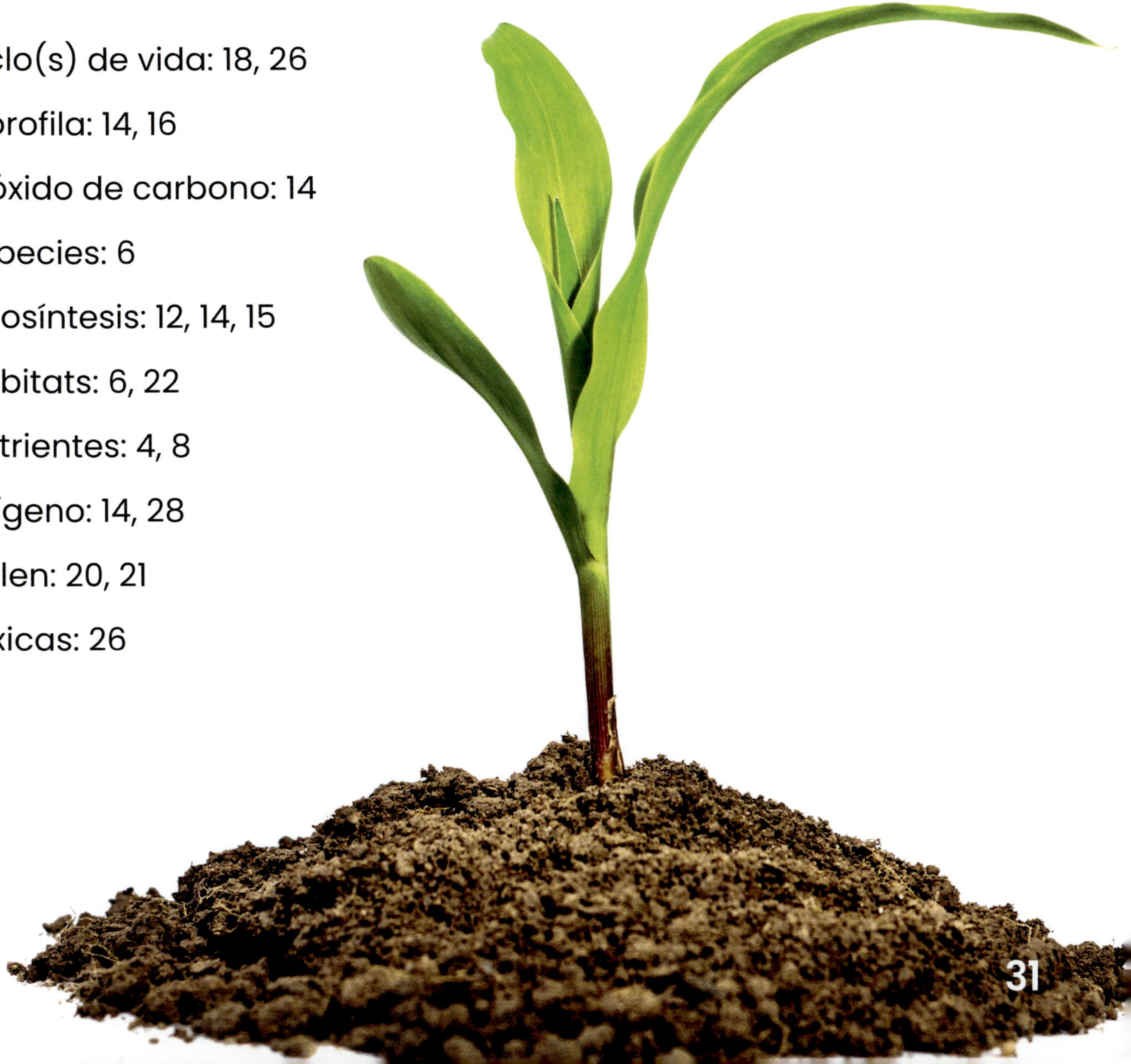

Apoyos de la escuela a los hogares para cuidadores y maestros

Este libro ayuda a los niños en su desarrollo al permitirles practicar la lectura. Abajo están algunas preguntas guía para ayudar al lector a fortalecer sus habilidades de comprensión. En rojo hay algunas opciones de respuesta.

Antes de leer:

- **¿De qué pienso que tratará este libro?** *Pienso que este libro es sobre girasoles. Pienso que este libro es sobre plantas y cómo usan la luz solar.*
- **¿Qué quiero aprender sobre este tema?** *Quiero aprender las diferentes partes de una planta. Quiero aprender sobre la fotosíntesis.*

Durante la lectura:

- **Me pregunto por qué...** *Me pregunto por qué hay tantas especies diferentes de plantas en la Tierra. Me pregunto por qué las abejas y otros animales son necesarios para esparcir el polen a diferentes plantas.*
- **¿Qué he aprendido hasta ahora?** *Aprendí que existen pequeños agujeros en las hojas, y que toman el dióxido de carbono del aire. Aprendí que las hojas de las plantas liberan oxígeno a la par que almacenan el alimento que no se usó.*

Después de leer:

- **¿Qué detalles aprendí de este tema?** *Aprendí que las raíces anclan la planta al suelo y absorben el agua y los nutrientes. Aprendí que las hojas necesitan luz del Sol para producir alimento para la planta.*
- **Lee el libro de nuevo y busca las palabras del glosario.** *Veo la palabra **nutrientes** en la página 4 y la palabra **oxígeno** en la página 14. Las demás palabras del vocabulario están en la página 30.*

Crabtree Publishing

crabtreebooks.com 800-387-7650

Print book version produced jointly with Blue Door Education in 2022

Printed in Canada/022024/CP20240215

Hardcover 978-1-0396-2075-9
Paperback 978-1-0396-2082-7
Ebook (pdf) 978-1-0396-2089-6
Epub 978-1-0396-2096-4
Read-along 978-1-0396-2103-9
Audio book 978-1-0396-2110-7

Library and Archives Canada Cataloguing in Publication
Title: ¡Plantas! / Tracy Nelson Maurer ; traducción de Sophia Barba-Heredia.
Other titles: Plants! Spanish
Names: Maurer, Tracy Nelson, 1965- author. | Barba-Heredia, Sophia, translator.
Description: Series statement: Mi mundo y la ciencia: Nivel 2 | Translation of: Plants! | Includes index. | “Un libro de el semillero de Crabtree”. | Text in Spanish.
Identifiers: Canadiana (print) 20210261277 | Canadiana (ebook) 20210261285 | ISBN 9781039620759 (hardcover) | ISBN 9781039620827 (softcover) | ISBN 9781039620896 (HTML) | ISBN 9781039620964 (EPUB) | ISBN 9781039621039 (read-along ebook)
Subjects: LCSH: Plants—Juvenile literature.
Classification: LCC QK49 .M3818 2022 | DDC j580—dc23

Published in Canada
Crabtree Publishing
616 Welland Avenue
St. Catharines, Ontario
L2M 5V6

Published in the United States
Crabtree Publishing
347 Fifth Avenue
Suite 1402-145
New York, NY 10016

Written by Tracy Nelson Maurer
Translation to Spanish: Sophia Barba-Heredia
Spanish-language layout and proofread: Base Tres

Photo credits: www.shutterstock.com. Cover © Cindy Gokey; Fact Digger icon © Sky vectors; title page ©shutterstock.com/MEE KO DONG. Pages 2-3 ©shutterstock.com/Zadorozhnyi Viktor. pages 4-5 © Cindy Gokey; page 6 cactus © Ilyshev Dmitry, page 6-7 grasses ©hayaka tung. page 7 ©shutterstock.com/Athawit Ketsak. page 9 ©Ardely; page 10 ©Magnetic Mcc, page 11 ©Aleksei Potov; page 12-13 ©chockdee Romkaew; page 15 © Merkushev Vasiliy; page 16 and 17 ©Smit; page 19 ©Kazakova Maryia; page 20 ©Eduardo Dzophoto; page 21 ©shutterstock.com/Ondrej Prosicky. page 22-23 ©Alexey Torbeev; Page 24 closeup ©Phattaraphum, fern ©Thanaporn Pinpart, page 2-25 rhizome © Nadzeya Pakhomava, strawberry; plant ©Elena Masiutkina; page 26-27 ©Roger M Buss; page 28-29 ©Pinkyone; page 31 ©shutterstock.com/Artur_eM; All images from Shutterstock.com

Library of Congress Cataloging-in-Publication Data
Names: Maurer, Tracy Nelson, 1965- author.
Title: ¡Plantas! / Tracy Nelson Maurer ; traducción de Sophia Barba-Heredia.
Other titles: Plants! Spanish
Description: New York : Crabtree Publishing, 2022. | Series: Mi mundo y la ciencia : Nivel 2 - Un libro El Semillero de Crabtree | Includes index.
Identifiers: LCCN 2021031976 (print) | LCCN 2021031977 (ebook) | ISBN 9781039620759 (hardcover) | ISBN 9781039620827 (paperback) | ISBN 9781039620896 (ebook) | ISBN 9781039620964 (epub) | ISBN 9781039621039
Subjects: LCSH: Plants--Juvenile literature.
Classification: LCC QK49 .M38518 2022 (print) | LCC QK49 (ebook) | DDC 580--dc23
LC record available at https://lccn.loc.gov/2021031976
LC ebook record available at https://lccn.loc.gov/2021031977